BARÊMES

ET

MÉTHODES ABRÉVIATIVES

SIMPLIFIANT LES CALCULS

D'INTÉRÊT, D'ESCOMPTE ET DE RENTES.

—◦—

ÉLÉMENTS ET PRINCIPES D'ARITHMÉTIQUE

A L'AIDE DESQUELS ON PARVIENT A CES ABRÉVIATIONS.

A l'usage des Capitalistes, Banquiers, Négociants, Rentiers, Déposants de la Caisse d'Épargne ; en un mot, de toutes les personnes appelées à emprunter ou placer de l'argent.

PAR

A. CHARPENTIER,

EMPLOYÉ A LA BANQUE DE FRANCE, A MONTPELLIER.

—∞—

1 fr. 25 c.

—∞—

MONTPELLIER,

FÉLIX SEGUIN, LIBRAIRE, RUE ARGENTERIE, 25.

—

1862.

BARÊMES

ET

MÉTHODES ABRÉVIATIVES

SIMPLIFIANT LES CALCULS

D'INTÉRÊT, D'ESCOMPTE ET DE RENTES.

94476

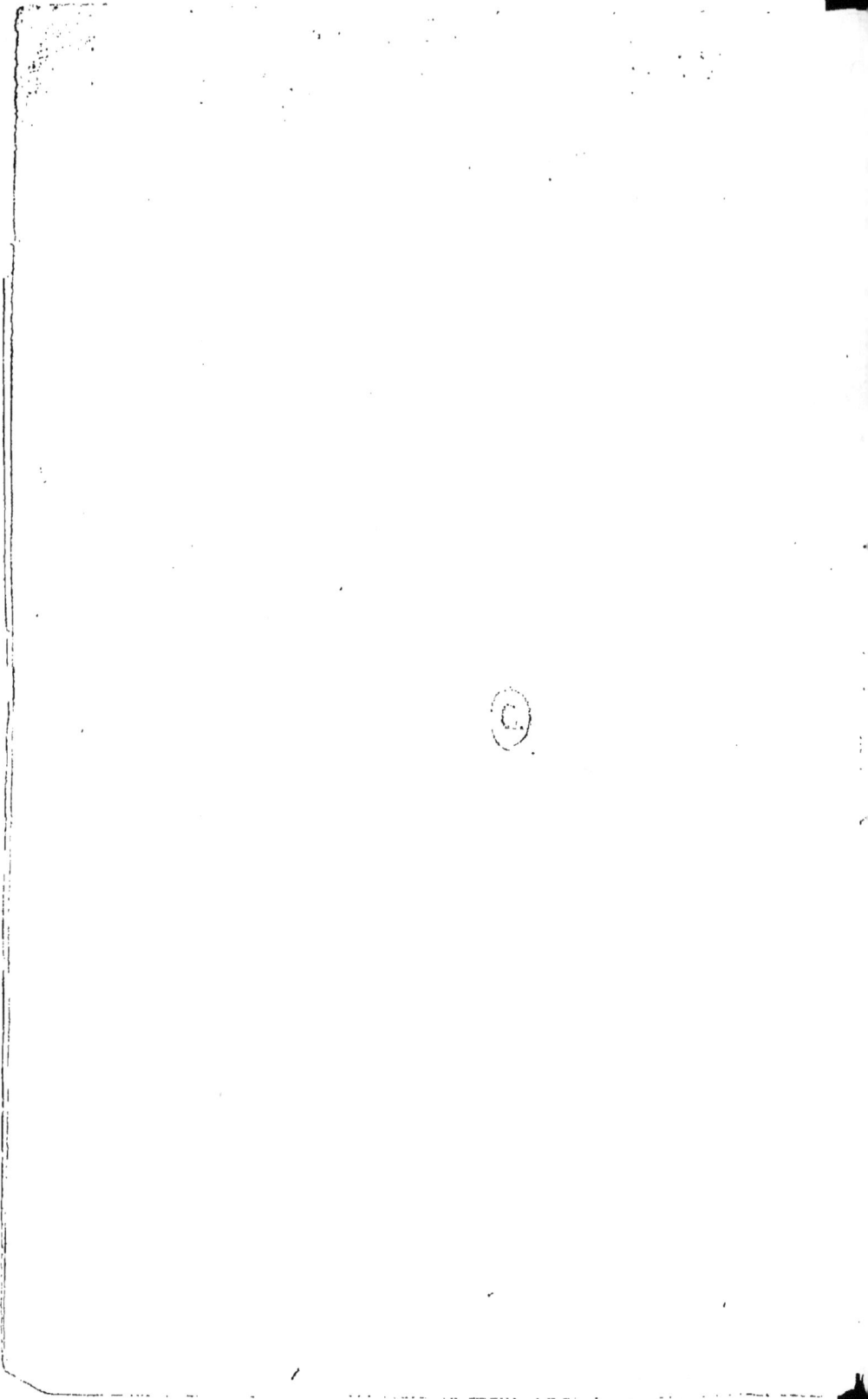

BARÊMES

ET

MÉTHODES ABRÉVIATIVES

SIMPLIFIANT LES CALCULS

D'INTÉRÊT, D'ESCOMPTE ET DE RENTES.

ÉLÉMENTS ET PRINCIPES D'ARITHMÉTIQUE

A L'AIDE DESQUELS ON PARVIENT A CES ABRÉVIATIONS.

A l'usage des Capitalistes, Banquiers, Négociants, Rentiers, Déposants de la Caisse d'Épargne; en un mot, de toutes les personnes appelées à emprunter ou placer de l'argent.

PAR

A. CHARPENTIER,

EMPLOYÉ A LA BANQUE DE FRANCE, A MONTPELLIER.

MONTPELLIER,

FÉLIX SEGUIN, LIBRAIRE, RUE ARGENTERIE, 25.

—

1862.

Montpellier. — Typographie de Pierre GROLLIER, rue des Tondeurs, 9.

PRÉFACE.

Nous avons divisé notre travail en deux parties.

La première partie s'adresse à toutes les personnes qui, ayant quelques questions d'intérêt à résoudre, désirent, par un moyen abréviatif, arriver aussi promptement que possible à la solution de ces questions.

A l'usage de ces personnes, nous avons composé sept tables donnant l'intérêt produit par un capital de 100 fr. placé pendant un nombre de jours quelconque, aux taux de 3, 3 $\frac{1}{2}$, 4, 4 $\frac{1}{2}$, 5, 5 $\frac{1}{2}$ et 6 %.

Quand on connaît l'intérêt de 100 fr. au taux et pendant le nombre de jours qu'on désire, rien n'est plus facile que de connaître l'intérêt de 200 fr., de 600 fr., de 1200 fr., de 1247 fr., etc. Il s'agit seulement, à l'aide d'une multiplication par 2, par 6, par 12, par 12,47 centièmes, de rendre l'intérêt de la table autant de fois plus fort que le capital donné contient de fois 100 fr.

Une huitième table, basée sur le même système, donne l'intérêt à 3 $\frac{1}{2}$ %, et par semaine, d'un

2

capital de 10 fr. Cette table est destinée spéciale-
ment aux placements sur la Caisse d'épargne, et
permet, comme les précédentes, de connaître, à
l'aide d'une seule multiplication, l'intérêt d'un capital quelconque, et cela quel que soit le nombre
de semaines pendant lequel il sera resté placé.

Nous pensons que, à moins de publier de gros
volumes, il nous était difficile de faire autre chose
que ce que nous avons fait.

La seconde partie de notre travail donne la théo-
rie des quelques méthodes abréviatives employées
dans les calculs d'intérêt et de rentes; elle en indique l'application et en signale les avantages.

Dans un paragraphe relatif aux questions de
rentes, nous avons tracé une série d'exemples et
de principes s'appliquant à tous les cas qui peuvent
se présenter dans la solution de ces problèmes.

Et nous pensons que, quelque peu méritante que
soit cette seconde partie (nous pourrions dire ce travail tout entier), elle suffira pour permettre aux
commerçants, banquiers, rentiers, à qui nous la
destinons, de résoudre sans hésitation et rapide-
ment tous les problèmes qui y sont traités.

PREMIÈRE PARTIE.

—~~~—

INTÉRÊT. — ESCOMPTE [1].

Les règles d'intérêt et d'escompte ont principalement pour but de faire connaître le bénéfice que doit produire une somme d'argent placée pendant un temps donné.

Cette somme placée est le *capital*.

Le bénéfice en résultant est l'*intérêt*, l'*agio* ou l'*escompte*. Cet intérêt est proportionné au *taux* qu'on est convenu de faire rapporter par an à une somme invariable (100 francs).

Quand on dit qu'une somme est placée au taux de 6 %, c'est dire que chaque centaine de francs contenue dans cette somme rapportera 6 fr. par an.

---

(1) On distingue deux sortes d'escomptes : l'*escompte en dehors* et l'*escompte en dedans*.

C'est de l'escompte *en dehors*, adopté par le commerce, que nous nous occupons ici.

Nous indiquons plus loin la marche à suivre pour calculer l'escompte *en dedans*, et en quoi cet escompte diffère du précédent.

Exemple : Quel intérêt produiront 1200 fr. placés à 6 °/₀ pendant 4 ans ?

Pour résoudre ce problème, nous pouvons dire :

Si 100 fr. rapportent 6 fr. dans un an, une somme de 1200 fr., c'est-à-dire une somme contenant 12 fois 100 fr., rapportera 12 fois autant ou 12×6, soit 72 fr. par an ; en 4 ans, elle rapportera 4 fois autant qu'en un an ou $12 \times 6 \times 4$, soit 288 fr.

Résolvant cette même question par la *méthode dite de l'unité*, nous dirons :

Si 100 fr. rapportent 6 fr. dans un an, 1 fr. rapportera 100 fois moins que 100 fr. ou 6 divisé par 100 $\left(\dfrac{6}{100}\right)$, et 1200 fr. rapporteront 1200 fois autant que 1 fr. ou $\dfrac{6 \times 1200}{100}$. Dans 4 ans, cette même somme rapportera 4 fois autant qu'en un an, ou $\dfrac{6 \times 1200 \times 4}{100}$, lesquelles opérations effectuées donnent pour résultat : 288 fr.

Mais le capital donné n'est pas toujours, ou plutôt n'est presque jamais placé pendant un nombre exact d'années. Il est souvent placé pendant un certain nombre de mois et de jours, comme dans le problème suivant :

Quel est l'intérêt de 6720 fr. placés pendant 2 mois et 18 jours à 6 °/₀?

Quand nous disons 6 °/₀ l'an, nous disons 6 °/₀

pour 360 jours, car commercialement l'année est de 360 jours et le mois de 30 jours.

L'intérêt que nous cherchons est donc l'intérêt de 6720 fr. pendant 78 jours. Or, sachant que 100 fr. rapportent 6 fr. en 360 jours, nous dirons : Si 100 fr. rapportent 6 fr. en 360 jours, 1 fr. rapportera, dans le même espace de temps, la 100me partie de cette somme ou $\dfrac{6}{100^{mes}}$ de franc.

En 1 jour, 1 fr. rapportera 360 fois moins qu'en 360 jours ou $\dfrac{6}{100 \times 360}$, et en 78 jours, il rapportera 78 fois autant qu'en 1 jour ou $\dfrac{6 \times 78}{100 \times 360}$, expression fractionnaire égale à 0^{fr}, 013$^{mill.}$.

Si 1 fr. rapporte 0^{fr}, 013$^{mill.}$ en 78 jours, le capital donné, 6720^{fr}, rapportera 6720 fois 0,013$^{mill.}$ ou 87^{fr},36^{c}, intérêt cherché.

$$
\begin{array}{r}
0,013 \\
6720 \\
\hline
260 \\
91 \\
78 \\
\hline
87,360
\end{array}
$$

Les opérations que nous avons eu à effectuer pour arriver à la solution de ce problème sont les suivantes : la multiplication du taux, 6, par les jours, 78 ; la division de ce produit par 36,000,

2*

afin de connaître l'intérêt de 1 fr. pendant le nombre de jours donné, et enfin la multiplication de cet intérêt de 1 fr. par le capital fixé dans le problème.

Si, tout d'abord, nous avions connu l'intérêt produit par 1 fr. placé au taux et pendant le nombre de jours qu'on nous a demandés, nous n'aurions eu qu'une multiplication à effectuer pour avoir l'intérêt total cherché, et nous nous serions ainsi épargné bien des calculs.

C'est ce résultat, c'est cet intérêt de 1 fr. placé pendant un nombre de jours quelconque et aux taux de 3, 3 $\frac{1}{2}$, 4, 4 $\frac{1}{2}$, 5, 5 $\frac{1}{2}$ et 6 $\%$, que donnent les tables ci-après.

DES TABLES D'INTÉRÊT ET DE LEUR USAGE.

Afin de ne pas grossir inutilement le chiffre des décimales, nous avons pris pour base de nos tables, non point l'unité elle-même, mais cette somme invariable : 100 fr. — Donner l'intérêt de 100 fr. c'est, grâce au système décimal, donner l'intérêt de 10 fr., de 1 fr. — Or, quand on connaît l'intérêt de 1 fr. pour tous les jours de l'année, rien n'est plus facile que de connaître l'intérêt de toutes les sommes possibles.

Nos calculs ont été poussés jusqu'aux dix-millièmes de franc.

Lorsqu'il s'agira de trouver l'intérêt d'une somme supérieure à 5000 fr., et qu'on désirera obtenir cet intérêt à 1 centime près, il faudra faire usage de toutes les décimales données.

Mais quand la somme sera inférieure à 5000 fr., trois chiffres décimaux seulement seront nécessaires. Dans ce cas, la petite différence existant sur l'intérêt de 100 fr., et qu'on pourra évaluer, au *maximum*, à 5 dix-millièmes de franc, ne sera pas répétée un nombre de fois suffisant pour faire naître une erreur sensible. — Une multiplication par un nombre composé de 2, 3 ou 4 décimales, suivant l'importance de la somme énoncée, voilà donc la seule opération qu'il y aura à effectuer pour avoir l'intérêt, pendant un nombre de jours quelconque, d'un capital donné.

—

Exemple : Trouver l'intérêt de 1900 fr. placés pendant 76 jours à 3 °|o.

La table calculée d'après le taux de 3 °|o nous apprend que l'intérêt de 100 fr. pour 76 jours est 0, 6333. Nous ne prendrons que les 3 premiers chiffres décimaux, soit : 0,633^mill.

1900 fr. étant 19 fois aussi forts que 100 fr., l'intérêt de ce capital sera 19 fois aussi fort que l'intérêt de 100 fr., ou 0,633^mill. multipliés par 19, soit 12 fr. 03 c.

Pour avoir l'intérêt d'un capital donné, il faudra donc toujours rendre l'intérêt que donne la table autant de fois plus fort que ce capital contiendra de fois 100 fr.

Dans l'exemple précédent 1900 fr. contenant 100 fr. exactement 19 fois, c'est par 19 qu'il a fallu multiplier cet intérêt. Si au lieu d'être 1900 fr., ce capital eût été 1922 fr., c'eût été par 19,22$^{cent.}$ qu'il eût fallu multiplier 0,633$^{mill.}$

Bref, le nombre par lequel il faut multiplier l'intérêt donné dans la table, est le capital rendu 100 fois moins fort.

—

Autre exemple : Trouver l'intérêt de 7844 fr. pendant 5 mois et 4 jours à 4 1|2 °|₀.

L'intérêt de 100 fr. pour 5 mois est.   1 fr. 875

L'intérêt de 100 fr. pour 4 jours est......................   0   05

Donc, l'intérêt de 100 fr. pour 5 mois et 4 jours est.............   1 fr. 925

L'intérêt de 7844 fr. sera 78 fois 44 centièmes de fois aussi fort que l'intérêt de 100 fr. Multipliant 1 fr. 925 par 78,44, nous aurons donc l'intérêt cherché, soit 150 fr. 99 c.

$$
\begin{array}{r}
1,925 \\
78,44 \\
\hline
7700 \\
7700 \\
15400 \\
15475 \\
\hline
150,99700
\end{array}
$$

Le système sur lequel sont basées ces tables, et l'opération au moyen de laquelle on parvient à obtenir l'intérêt demandé, sont d'une compréhension si facile que nous croyons inutile d'insister plus longtemps sur ce mode d'opérer, comme aussi de multiplier davantage les exemples.

TABLEAU

TABLEAU donnant l'intérêt produit par un capi- et de 5 mois à tal de 100 fr. placé à 3 %, de 1 à 120 jours 12 mois (1).

Jours.	Intérêts.	Jours.	Intérêts.	Jours.	Intérêts.
1	0,0083	26	0,2167	51	0,425
2	0,0167	27	0,2250	52	0,4333
3	0,0250	28	0,2333	53	0,4417
4	0,0333	29	0,2417	54	0,45
5	0,0417	30	0,25	55	0,4583
6	0,05	31	0,2583	56	0,4667
7	0,0583	32	0,2667	57	0,4750
8	0,0667	33	0,2750	58	0,4833
9	0,0750	34	0,2833	59	0,4917
10	0,0833	35	0,2917	60	0,50
11	0,0917	36	0,30	61	0,5083
12	0,10	37	0,3083	62	0,5167
13	0,1083	38	0,3167	63	0,5250
14	0,1167	39	0,3250	64	0,5333
15	0,1250	40	0,3333	65	0,5417
16	0,1333	41	0,3417	66	0,55
17	0,1417	42	0,35	67	0,5583
18	0,15	43	0,3583	68	0,5667
19	0,1583	44	0,3667	69	0,5750
20	0,1667	45	0,3750	70	0,5833
21	0,1750	46	0,3833	71	0,5917
22	0,1833	47	0,3917	72	0,60
23	0,1917	48	0,40	73	0,6083
24	0,20	49	0,4083	74	0,6167
25	0,2083	50	0,4167	75	0,625

Jours.	Intérêts.	Jours.	Intérêts.	Jours.	Intérêts.
76	0,6333	91	0,7583	106	0,8833
77	0,6417	92	0,7667	107	0,8917
78	0,65	93	0,7750	108	0,90
79	0,6583	94	0,7833	109	0,9083
80	0,6667	95	0,7917	110	0,9167
81	0,6750	96	0,80	111	0,9250
82	0,6833	97	0,8083	112	0,9333
83	0,6917	98	0,8167	113	0,9417
84	0,70	99	0,8250	114	0,95
85	0,7083	100	0,8333	115	0,9583
86	0,7167	101	0,8417	116	0,9667
87	0,7250	102	0,85	117	0,9750
88	0,7333	103	0,8583	118	0,9833
89	0,7417	104	0,8667	119	0,9917
90	0,75	105	0,8750	120	1fr

5 mois...........	1 fr.	25 c.
6 mois...........	1	50
7 mois...........	1	75
8 mois...........	2	
9 mois...........	2	25
10 mois...........	2	50
11 mois...........	2	75
12 mois...........	3	

(1) En calculant ces barêmes, nous avons eu seulement en vue l'année commerciale, composée de 360 jours.

TABLEAU donnant l'intérêt produit par un capi- tal de 100 fr. placé à 3 1/2 %, de 1 à 120 jours et de 5 mois à 12 mois.

Jours.	Intérêts.	Jours.	Intérêts.	Jours.	Intérêts.	Jours.	Intérêts.	Jours.	Intérêts.	Jours.	Intérêts.
1	0,0097	26	0,2528	51	0,4958	76	0,7389	91	0,8847	106	1,0306
2	0,0194	27	0,2625	52	0,5056	77	0,7486	92	0,8944	107	1,0403
3	0,0292	28	0,2722	53	0,5153	78	0,7583	93	0,9042	108	1,05
4	0,0389	29	0,2819	54	0,5250	79	0,7681	94	0,9139	109	1,0597
5	0,0486	30	0,2917	55	0,5347	80	0,7778	95	0,9236	110	1,0694
6	0,0583	31	0,3014	56	0,5444	81	0,7875	96	0,9333	111	1,0792
7	0,0681	32	0,3111	57	0,5542	82	0,7972	97	0,9431	112	1,0889
8	0,0778	33	0,3208	58	0,5639	83	0,8069	98	0,9528	113	1,0986
9	0,0875	34	0,3306	59	0,5736	84	0,8167	99	0,9625	114	1,1083
10	0,0972	35	0,3403	60	0,5833	85	0,8264	100	0,9722	115	1,1181
11	0,1069	36	0,35	61	0,5931	86	0,8361	101	0,9819	116	1,1278
12	0,1167	37	0,3597	62	0,6028	87	0,8458	102	0,9917	117	1,1375
13	0,1264	38	0,3694	63	0,6125	88	0,8556	103	1,0014	118	1,1472
14	0,1361	39	0,3792	64	0,6222	89	0,8653	104	1,0111	119	1,1569
15	0,1458	40	0,3889	65	0,6319	90	0,8750	105	1,0208	120	1,1667
16	0,1556	41	0,3986	66	0,6417						
17	0,1653	42	0,4083	67	0,6514						
18	0,1750	43	0,4181	68	0,6611						
19	0,1847	44	0,4278	69	0,6708						
20	0,1944	45	0,4375	70	0,6806						
21	0,2042	46	0,4472	71	0,6903						
22	0,2139	47	0,4569	72	0,70						
23	0,2236	48	0,4667	73	0,7097						
24	0,2333	49	0,4764	74	0,7194						
25	0,2431	50	0,4861	75	0,7292						

5 mois..........	1 fr. 4583
6 mois..........	1 75
7 mois..........	2 0417
8 mois..........	2 3333
9 mois..........	2 625
10 mois..........	2 9167
11 mois..........	3 2083
12 mois..........	3 50

3

TABLEAU donnant l'intérêt produit par un capi-
et de 5 mois

Jours.	Intérêts.	Jours.	Intérêts.	Jours.	Intérêts.
1	0,0111	26	0,2889	51	0,5667
2	0,0222	27	0,30	52	0,5778
3	0,0333	28	0,3111	53	0,5889
4	0,0444	29	0,3222	54	0,60
5	0,0556	30	0,3333	55	0,6111
6	0,0667	31	0,3444	56	0,6222
7	0,0778	32	0,3556	57	0,6333
8	0,0889	33	0,3667	58	0,6444
9	0,10	34	0,3778	59	0,6556
10	0,1111	35	0,3889	60	0,6667
11	0,1222	36	0,40	61	0,6778
12	0,1333	37	0,4111	62	0,6889
13	0,1444	38	0,4222	63	0,70
14	0,1556	39	0,4333	64	0,7111
15	0,1667	40	0,4444	65	0,7222
16	0,1778	41	0,4556	66	0,7333
17	0,1889	42	0,4667	67	0,7444
18	0,20	43	0,4778	68	0,7556
19	0,2111	44	0,4889	69	0,7667
20	0,2222	45	0,50	70	0,7778
21	0,2333	46	0,5111	71	0,7889
22	0,2444	47	0,5222	72	0,80
23	0,2556	48	0,5333	73	0,8111
24	0,2667	49	0,5444	74	0,8222
25	0,2778	50	0,5556	75	0,8333

tal de 100 fr. placé à 4 %, de 1 à 120 jours
à 12 mois.

Jours.	Intérêts.	Jours.	Intérêts.	Jours.	Intérêts.
76	0,8444	91	1,0111	106	1,1778
77	0,8556	92	1,0222	107	1,1889
78	0,8667	93	1,0333	108	1,20
79	0,8778	94	1,0444	109	1,2111
80	0,8889	95	1,0556	110	1,2222
81	0,90	96	1,0667	111	1,2333
82	0,9111	97	1,0778	112	1,2444
83	0,9222	98	1,0889	113	1,2556
84	0,9333	99	1,10	114	1,2667
85	0,9444	100	1,1111	115	1,2778
86	0,9556	101	1,1222	116	1,2889
87	0,9667	102	1,1333	117	1,30
88	0,9778	103	1,1444	118	1,3111
89	0,9889	104	1,1556	119	1,3222
90	1 fr	105	1,1667	120	1,3333

5 mois............	1 fr.	6667
6 mois............	2	»
7 mois............	2	3333
8 mois............	2	6667
9 mois............	3	»
10 mois............	3	3333
11 mois............	3	6667
12 mois............	4	»

TABLEAU donnant l'intérêt produit par un capital de 100 fr. placé à 4 $^{1}/_{2}$ %, de 1 à 120 jours et de 5 mois à 12 mois.

Jours.	Intérêts.	Jours.	Intérêts.	Jours.	Intérêts.	Jours.	Intérêts.	Jours.	Intérêts.	Jours.	Intérêts.
1	0,0125	26	0,325	51	0,6375	76	0,95	91	1,1375	106	1,325
2	0,025	27	0,3375	52	0,65	77	0,9625	92	1,15	107	1,3375
3	0,0375	28	0,35	53	0,6625	78	0,975	93	1,1625	108	1,35
4	0,05	29	0,3625	54	0,675	79	0,9875	94	1,175	109	1,3625
5	0,0625	30	0,375	55	0,6875	80	1^{fr}	95	1,1875	110	1,375
6	0,075	31	0,3875	56	0,70	81	1,0125	96	1,20	111	1,3875
7	0,0875	32	0,40	57	0,7125	82	1,025	97	1,2125	112	1,40
8	0,10	33	0,4125	58	0,725	83	1,0375	98	1,225	113	1,4125
9	0,1125	34	0,425	59	0,7375	84	1,05	99	1,2375	114	1,425
10	0,125	35	0,4375	60	0,75	85	1,0625	100	1,25	115	1,4375
11	0,1375	36	0,45	61	0,7625	86	1,075	101	1,2625	116	1,45
12	0,15	37	0,4625	62	0,775	87	1,0875	102	1,275	117	1,4625
13	0,1625	38	0,475	63	0,7875	88	1,10	103	1,2875	118	1,475
14	0,175	39	0,4875	64	0,80	89	1,1125	104	1,30	119	1,4875
15	0,1875	40	0,50	65	0,8125	90	1,125	105	1,3125	120	1,50
16	0,20	41	0,5125	66	0,825						
17	0,2125	42	0,525	67	0,8375						
18	0,225	43	0,5375	68	0,85						
19	0,2375	44	0,55	69	0,8625						
20	0,25	45	0,5625	70	0,875						
21	0,2625	46	0,575	71	0,8875						
22	0,275	47	0,5875	72	0,90						
23	0,2875	48	0,60	73	0,9125						
24	0,30	49	0,6125	74	0,925						
25	0,3125	50	0,625	75	0,9375						

5 mois............	1 fr.	875
6 mois............	2	25
7 mois............	2	625
8 mois............	3	»
9 mois............	3	375
10 mois............	3	75
11 mois............	4	125
12 mois............	4	50

TABLEAU donnant l'intérêt produit par un capi- et de 5 mois

tal de 100 fr. placé à 5 %, de 1 à 120 jours à 12 mois.

Jours.	Intérêts.	Jours.	Intérêts.	Jours.	Intérêts.
1	0,0139	26	0,3611	51	0,7083
2	0,0278	27	0,3750	52	0,7222
3	0,0417	28	0,3889	53	0,7361
4	0,0556	29	0,4028	54	0,75
5	0,0694	30	0,4167	55	0,7639
6	0,0833	31	0,4306	56	0,7778
7	0,0972	32	0,4444	57	0,7917
8	0,1111	33	0,4583	58	0,8056
9	0,1250	34	0,4722	59	0,8194
10	0,1389	35	0,4861	60	0,8333
11	0,1528	36	0,50	61	0,8472
12	0,1667	37	0,5139	62	0,8611
13	0,1806	38	0,5278	63	0,8750
14	0,1944	39	0,5417	64	0,8889
15	0,2083	40	0,5556	65	0,9028
16	0,2222	41	0,5694	66	0,9167
17	0,2361	42	0,5833	67	0,9306
18	0,25	43	0,5972	68	0,9444
19	0,2639	44	0,6111	69	0,9583
20	0,2778	45	0,6250	70	0,9722
21	0,2917	46	0,6389	71	0,9861
22	0,3056	47	0,6528	72	1fr
23	0,3194	48	0,6667	73	1,0139
24	0,3333	49	0,6806	74	1,0278
25	0,3472	50	0,6944	75	1,0417

Jours.	Intérêts.	Jours.	Intérêts.	Jours.	Intérêts.
76	1,0556	91	1,2639	106	1,4722
77	1,0694	92	1,2778	107	1,4861
78	1,0833	93	1,2917	108	1,50
79	1,0972	94	1,3056	109	1,5139
80	1,1111	95	1,3194	110	1,5278
81	1,1250	96	1,3333	111	1,5417
82	1,1389	97	1,3472	112	1,5556
83	1,1528	98	1,3611	113	1,5694
84	1,1667	99	1,3750	114	1,5833
85	1,1806	100	1,3889	115	1,5972
86	1,1944	101	1,4028	116	1,6111
87	1,2083	102	1,4167	117	1,6250
88	1,2222	103	1,4306	118	1,6389
89	1,2361	104	1,4444	119	1,6528
90	1,25	105	1,4583	120	1,6667

5 mois............	2 fr.	0833
6 mois............	2	50
7 mois............	2	9167
8 mois............	3	3333
9 mois............	3	75
10 mois............	4	1667
11 mois............	4	5833
12 mois............	5	

TABLEAU donnant l'intérêt produit par un capi-
et de 5 mois

tal de 100 fr. placé à 5 $\frac{1}{2}$ %, de 1 à 120 jours
à 12 mois.

Jours.	Intérêts.	Jours.	Intérêts.	Jours.	Intérêts.
1	0,0153	26	0,3972	51	0,7792
2	0,0306	27	0,4125	52	0,7944
3	0,0458	28	0,4277	53	0,8097
4	0,0611	29	0,4430	54	0,8250
5	0,0764	30	0,4583	55	0,8403
6	0,0917	31	0,4736	56	0,8556
7	0,1069	32	0,4889	57	0,8708
8	0,1222	33	0,5042	58	0,8861
9	0,1375	34	0,5194	59	0,9014
10	0,1528	35	0,5347	60	0,9167
11	0,1680	36	0,55	61	0,9319
12	0,1833	37	0,5653	62	0,9472
13	0,1986	38	0,5806	63	0,9625
14	0,2139	39	0,5958	64	0,9777
15	0,2292	40	0,6111	65	0,9930
16	0,2444	41	0,6264	66	1,0083
17	0,2597	42	0,6417	67	1,0236
18	0,2750	43	0,6569	68	1,0389
19	0,2903	44	0,6722	69	1,0542
20	0,3055	45	0,6875	70	1,0695
21	0,3208	46	0,7028	71	1,0847
22	0,3361	47	0,7180	72	1,10
23	0,3514	48	0,7333	73	1,1153
24	0,3666	49	0,7486	74	1,1306
25	0,3819	50	0,7639	75	1,1458

Jours.	Intérêts.	Jours.	Intérêts.	Jours.	Intérêts.
76	1,1611	91	1,3903	106	1,6194
77	1,1764	92	1,4056	107	1,6347
78	1,1917	93	1,4208	108	1,65
79	1,2069	94	1,4361	109	1,6653
80	1,2222	95	1,4514	110	1,6806
81	1,2375	96	1,4667	111	1,6958
82	1,2528	97	1,4819	112	1,7111
83	1,2681	98	1,4972	113	1,7264
84	1,2833	99	1,5125	114	1,7417
85	1,2986	100	1,5278	115	1,7569
86	1,3139	101	1,5431	116	1,7722
87	1,3292	102	1,5583	117	1,7875
88	1,3444	103	1,5736	118	1,8028
89	1,3597	104	1,5889	119	1,8181
90	1,3750	105	1,6042	120	1,8333

5 mois..........	2 fr.	2917
6 mois..........	2	75
7 mois..........	3	2083
8 mois..........	3	6667
9 mois..........	4	125
10 mois..........	4	5833
11 mois..........	5	0417
12 mois..........	5	50

4

TABLEAU donnant l'intérêt produit par un capi...
et de 5 mois

tal de 100 fr. placé à 6 %, de 1 à 120 jours
à 12 mois.

Jours.	Intérêts.	Jours.	Intérêts.	Jours.	Intérêts.
1	0,0167	26	0,4333	51	0,85
2	0,0333	27	0,45	52	0,8667
3	0,05	28	0,4667	53	0,8833
4	0,0667	29	0,4833	54	0,90
5	0,0833	30	0,50	55	0,9167
6	0,10	31	0,5167	56	0,9333
7	0,1167	32	0,5333	57	0,95
8	0,1333	33	0,55	58	0,9667
9	0,15	34	0,5667	59	0,9833
10	0,1667	35	0,5833	60	1fr
11	0,1833	36	0,60	61	1,0167
12	0,20	37	0,6167	62	1,0333
13	0,2167	38	0,6333	63	1,05
14	0,2333	39	0,65	64	1,0667
15	0,25	40	0,6667	65	1,0833
16	0,2667	41	0,6833	66	1,10
17	0,2833	42	0,70	67	1,1167
18	0,30	43	0,7167	68	1,1333
19	0,3167	44	0,7333	69	1,15
20	0,3333	45	0,75	70	1,1667
21	0,35	46	0,7667	71	1,1833
22	0,3667	47	0,7833	72	1,20
23	0,3833	48	0,80	73	1,2167
24	0,40	49	0,8167	74	1,2333
25	0,4167	50	0,8333	75	1,25

Jours.	Intérêts.	Jours.	Intérêts.	Jours.	Intérêts.
76	1,2667	91	1,5167	106	1,7667
77	1,2833	92	1,5333	107	1,7833
78	1,30	93	1,55	108	1,80
79	1,3167	94	1,5667	109	1,8167
80	1,3333	95	1,5833	110	1,8333
81	1,35	96	1,60	111	1,85
82	1,3667	97	1,6167	112	1,8667
83	1,3833	98	1,6333	113	1,8833
84	1,40	99	1,65	114	1,90
85	1,4167	100	1,6667	115	1,9167
86	1,4333	101	1,6833	116	1,9333
87	1,45	102	1,70	117	1,95
88	1,4667	103	1,7167	118	1,9667
89	1,4833	104	1,7333	119	1,9833
90	1,50	105	1,75	120	2fr

5 mois............	2 fr.	50
6 mois............	3	»
7 mois............	3	50
8 mois............	4	»
9 mois............	4	50
10 mois............	5	»
11 mois............	5	50
12 mois............	6	»

DES PLACEMENTS SUR LA CAISSE D'ÉPARGNE.

La Caisse d'Épargne donne 5 $\frac{1}{2}$ %. Nous avons réservé aux placements de cette nature une table spéciale. Ici, en effet, l'intérêt est calculé non plus sur 360 ou 365 jours, mais par semaine et sur 52 semaines.

L'argent placé ainsi ne pouvant excéder 1000 fr., nous avons cru devoir prendre pour base de la table un capital de 10 fr. seulement.

Si l'on veut savoir quel intérêt ont produit 50 fr. placés pendant 11 semaines, par exemple, on regarde ce qu'ont produit 10 fr. pendant le même temps, on trouve 0^{fr},074^m; 50 fr., étant 5 fois plus forts que 10 fr., auront produit 5 fois autant ou 0,074 multipliés par 5, soit 0,37^c.

Si le capital donné est 125 fr. placés pendant 37 semaines, on multiplie l'intérêt de 10 fr., c'est-à-dire 0,249 millièmes, par 12,5 dixièmes, puisque 125 contient 10 fr. 12 fois et demie, et on obtient ainsi 3^{fr},112^m, intérêt cherché.

Il est aisé, en séparant par une virgule le dernier chiffre de droite du capital donné, de savoir combien de fois ce capital contient 10 fr. C'est par ce capital divisé ainsi par 10, qu'il faut multiplier la somme que donne la table, pour avoir l'intérêt cherché.

TABLE *donnant les intérêts produits par un capital de 10 fr. placé à 3 $\frac{1}{2}$ °|₀ et par semaine, c'est-à-dire aux conditions faites par la Caisse d'Épargne.*

Semaines.	Intérêts.	Semaines.	Intérêts.
1	0,007	27	0,182
2	0,013	28	0,189
3	0,020	29	0,195
4	0,027	30	0,202
5	0,034	31	0,209
6	0,040	32	0,215
7	0,047	33	0,222
8	0,054	34	0,229
9	0,060	35	0,236
10	0,067	36	0,242
11	0,074	37	0,249
12	0,081	38	0,256
13	0,087	39	0,263
14	0,094	40	0,269
15	0,101	41	0,276
16	0,108	42	0,283
17	0,114	43	0,289
18	0,121	44	0,296
19	0,128	45	0,303
20	0,134	46	0,310
21	0,141	47	0,316
22	0,148	48	0,323
23	0,155	49	0,330
24	0,162	50	0,337
25	0,168	51	0,343
26	0,175	52	0,350

SECONDE PARTIE.

—∿∿∿—

La base simple sur laquelle reposent les tables contenues dans la 1re partie de ce livre, l'unique opération qu'elles nécessitent pour résoudre tous les calculs d'intérêt possibles, pourront les faire consulter fréquemment et par tous, soit comme moyen abréviatif, soit comme moyen de vérification.

Nous devons avouer cependant qu'en les composant, nous les avons destinées surtout aux personnes dont la principale occupation n'est pas de faire des chiffres, aux personnes qui ne peuvent par conséquent avoir toujours présente à la mémoire la méthode à suivre pour résoudre un problème d'intérêt.

Aux banquiers, négociants, commerçants, etc., qui ont presque toujours plusieurs intérêts à calculer à la fois à un même taux, nous conseillerons, soit la méthode dite des *nombres*, soit celle dite des *multiplicateurs*. Ce sont ces deux modes d'opérer et les éléments d'arithmétique nécessaires pour les faire comprendre que nous allons développer dans le chapitre suivant.

CHAPITRE PREMIER.

§ 1er.

L'arithmétique nous enseigne que pour trouver l'intérêt d'une somme quelconque placée pendant un temps donné, il faut multiplier le capital par le taux, par le nombre de jours à courir, et diviser le produit par ces nombres invariables, 100×360 (soit 36,000).

C'est cette existence d'un diviseur invariable, 36,000, qui va nous permettre d'abréger nos calculs et nous conduire à opérer par la méthode dite *des nombres* habituellement usitée dans la banque et le commerce.

Pour arriver à cette *méthode des nombres*, nous serons obligé cependant de nous baser encore sur ce principe qu'enseigne l'arithmétique et qu'il est essentiel de se bien graver dans la mémoire : « *La valeur d'une fraction ou expression fractionnaire ne change pas quand on divise ses deux termes par un même nombre, cette fraction change seulement de forme.* »

§ 2.

APPLICATION DES PRINCIPES CI-DESSUS ÉNONCÉS.

3 %. — Opérant d'après le mode que nous enseigne l'arithmétique et ayant à trouver l'intérêt à 3 % d'un capital quelconque, soit 12600 fr. placés pendant un nombre de jours donné, 31 jours, nous devrons, pour arriver à la solution de ce problème, multiplier le capital par les jours, puis par le taux et diviser ce produit par 100 multiplié par 360. C'est ce qu'exprime l'expression suivante :
$$\frac{12600 \times 31 \times 3}{100 \times 360}$$ laquelle nous donne pour résultat 32 fr. 55 c.

On va voir comment nous pouvons arriver à simplifier ces calculs.

Appliquant à l'expression trouvée ce principe cité plus haut : « *La valeur d'une fraction ou expression fractionnaire ne change pas quand on divise ses deux termes par un même nombre,* » nous dirons : les deux membres (numérateur et dénominateur) de cette expression devant toujours, pour le taux de 3 %, présenter au numérateur le chiffre 3, et au dénominateur le nombre 360, nous pourrons *toujours* diviser ces deux termes par 3 sans rien changer à la valeur énoncée. Le numérateur ne sera plus alors que 12600×31 et le dénominateur que 100×120, ce qui nous aura amené à l'expression suivante : $\dfrac{\overset{\text{Capital.}}{12600} \times \overset{\text{Jours.}}{31}}{12000}$ donnant pour résultat 32 fr. 55 c. comme l'autre mode d'opérer.

Ce que nous avons fait pour un calcul d'intérêt à 3 %, nous pourrons le faire pour tous les calculs à ce même taux ; c'est-à-dire que pour avoir l'intérêt d'une somme quelconque placée à 3 %, il nous suffira toujours de *multiplier le capital par le nombre de jours à courir, et de diviser invariablement* le produit par *12000* ; le quotient sera l'intérêt cherché.

———

4 %. — Si l'escompte fixé était 4 %, pour résoudre le problème d'après la méthode qu'enseigne la règle d'intérêt, nous aurions à multiplier le capital par les jours, par 4 (le taux), et à diviser le produit par 360×100 (36000).

Exemple : Quel est l'intérêt de 8460 fr. placés pendant 17 jours à 4 % ?

L'expression serait alors $\dfrac{8460 \times 17 \times 4}{100 \times 360}$ et le résultat 15 fr. 98 c.

Mais, procédant d'après ce même principe de réductibilité des fractions ou nombres fractionnaires, nous dirons : puisque les termes 4 et 360 (qui se trouvent l'un au numérateur et l'autre au dénominateur) sont divisibles par 4, effectuons cette division, et nous n'aurons plus alors dans l'expression fractionnaire qui aura changé de forme, mais non de valeur, nous n'aurons plus, disons-nous, que $\dfrac{8460 \times 17}{100 \times 90}$ ou $\dfrac{8460 \times 17}{9000}$. Le résultat est également 15 fr. 98 c.

Nous pourrions faire pour tous les calculs à 4 °/₀ ce que nous avons fait pour un seul, car toujours nous pourrons faire disparaître 4 du numérateur et réduire ainsi le dénominateur au chiffre 9000.

De cela, nous conclurons que pour obtenir l'in-térêt d'un capital placé à 4 °/₀, il faut multiplier *ce capital par les jours à courir, et diviser toujours le produit par 9000.* Le résultat sera l'intérêt de-mandé.

———

4 ¹/₂, 5 °/₀, 6 °/₀. — Ce que nous avons fait pour les taux de 3 °/₀ et de 4 °/₀, nous le ferons aussi pour ceux de 4 ¹/₂, 5 °/₀, 6 °/₀, pour tous les taux enfin qui diviseront exactement le nombre 360.

L'intérêt à 4 ¹/₂ étant représenté par l'expres-sion suivante : $\dfrac{\text{Cap.} \times \text{Jours} \times 4,50}{100 \times 360}$, nous n'aurons plus, après la division des deux termes par 4,50,

que : $\dfrac{\text{Cap.} \times \text{Jours}}{100 \times 80}$ ou $\dfrac{\text{Cap.} \times \text{Jours}}{8000}$.

L'intérêt à 5 % étant représenté par cette autre

expression : $\dfrac{\text{Cap.} \times \text{Jours} \times 5}{100 \times 360}$, nous n'aurons plus,

après la division des deux termes par 5, que :

$\dfrac{\text{Cap.} \times \text{Jours}}{100 \times 72}$ ou $\dfrac{\text{Cap.} \times \text{Jours}}{7200}$.

A 6 %, l'intérêt étant représenté par :

$$\dfrac{\text{Cap.} \times \text{Jours} \times 6}{100 \times 360}$$

nous n'aurons plus après la réduction que :

$\dfrac{\text{Cap.} \times \text{Jours}}{100 \times 60}$ ou $\dfrac{\text{Cap} \times \text{Jours}}{6000}$.

De telle façon que, quel que soit celui de ces taux auquel il faille opérer, nous n'aurons jamais, pour trouver l'intérêt d'une somme quelconque pendant un nombre de jours donné, qu'à multiplier le capital par les jours, et à diviser le produit

par	6000	pour le taux de	6 %
par	7200	»	de 5 %
par	8000	»	de 4 $\frac{1}{2}$ %
par	9000	»	de 4 %
par	12000	»	de 3 %

Bien que ces diviseurs soient composés de 4 ou 5 chiffres, ils n'entraînent à aucune opération qui doive effrayer un praticien. Une division par 7200, 8000, etc., n'est qu'une division par 72, 80, à cette condition toutefois de rendre aussi le dividende cent fois moins fort, en retranchant les deux derniers chiffres de droite.

Cet usage de négliger les deux derniers chiffres du dividende (des *nombres*, par conséquent) est, d'ailleurs, généralement adopté.

§ 3.

TAUX DE 3 $\frac{1}{2}$, 5 $\frac{1}{2}$ ET AUTRES NE DIVISANT PAS LE NOMBRE 360.

Les taux que nous avons rencontrés jusqu'à présent sont des facteurs de 360.

Parfois, nous pourrons être obligés de calculer l'intérêt aux taux de 3 $\frac{1}{2}$, 5 $\frac{1}{2}$, et autres ne divisant pas 360.

Devrons-nous pour cela adopter un autre mode d'opérer? — Nullement.

Quand le taux fixé sera 5 $\frac{1}{2}$, par exemple, nous chercherons l'intérêt à 6 $\%$ au moyen du diviseur 6000 ; puis nous retrancherons le 12e du résultat obtenu, et les $\frac{11}{12}$ restant seront l'intérêt cherché, attendu que 5 $\frac{1}{2}$ $\%$ ne représente que les $\frac{11}{12}$ de 6 $\%$.

Quand le taux sera 3 $\frac{1}{2}$ nous prendrons l'intérêt à 4 $\%$ au moyen du diviseur 9000, ou à 3 $\%$ au moyen du diviseur 12000, et, comme dans le cas précédent, par un calcul de proportion, nous ramènerons l'intérêt obtenu au taux cherché (1).

Et ainsi de suite pour tous les taux possibles.

§ 4.

MÉTHODE DES NOMBRES APPLIQUÉE AU CALCUL DES BORDEREAUX D'ESCOMPTE.

Tous les problèmes que nous avons énoncés jusqu'à présent ont demandé l'intérêt d'une somme unique.

Mais le plus souvent, dans la pratique, c'est l'intérêt, à un même taux, de diverses sommes à diverses échéances qu'il s'agit d'obtenir.

Ce cas se présente dans l'exemple suivant :

Trouver l'intérêt à 4 °|₀ des effets ci-après :

5015 fr. à 40 jours d'échéance, 1000 fr. à 42

---

(1) On aura encore l'intérêt à 3 1/2 °/₀ en retranchant la 36ᵐᵉ partie des nombres obtenus.

Exemple : Trouver l'intérêt de 721 fr. pendant 20 jours à 3 1/2 °/₀. — La multiplication de 721 par 20 nous donnera 14420 nombres et, après la suppression des deux derniers chiffres de droite, 144 nombres seulement.

Retranchons de 144 la 36ᵐᵉ partie de cette somme, c'est-à-dire 4, nous aurons 140 *centimes* ou 1 fr. 40 c., intérêt cherché.

jours, 1500 fr. à 48 jours, 8284 fr. à 50 jours, et 720 fr. à 60 jours.

Nous pourrions obtenir cet intérêt en effectuant les opérations indiquées par le § 2, c'est-à-dire en multipliant successivement chaque effet par son nombre de jours d'échéance et divisant le produit par 9000.

Ce sont ces calculs qui représentent les cinq expressions suivantes :

$\dfrac{5015 \times 40}{9000}$ ou après la multiplication	$\dfrac{200600}{9000}$ le quotient représentant l'intérêt cherché est......	22^{fr} 288
$\dfrac{1000 \times 42}{9000}$ id.	$\dfrac{42000}{9000}$ id.	4 666
$\dfrac{1500 \times 48}{9000}$ id.	$\dfrac{72000}{9000}$ id.	8
$\dfrac{8284 \times 50}{9000}$ id.	$\dfrac{414200}{9000}$ id.	46 022
$\dfrac{720 \times 60}{9000}$ id.	$\dfrac{43200}{9000}$ id.	4 80

Additionnant ensemble l'intérêt de ces sommes, nous arriverions au résultat désiré, soit............................. 85^{fr} 77

Mais nous avons un moyen d'obtenir plus promptement ce même chiffre.

En effet, avant d'être converties en francs au moyen de la division par 9000, les expressions fractionnaires représentant l'intérêt cherché, et qui sont celles-ci :

$$\frac{200600}{9000} \quad \frac{42000}{9000} \quad \frac{72000}{9000} \quad \frac{414200}{9000} \quad \frac{43200}{9000}$$

sont cinq fractions ayant toutes le même dénominateur.

Au lieu donc de totaliser ces expressions fractionnaires après la réduction en francs, nous les
totaliserons avant la réduction, par une simple
addition de fractions, qui consiste à ajouter ensemble tous les numérateurs et à leur conserver leur
dénominateur commun. L'addition de ces numérateurs, de ces *nombres*, comme les appelle le com-

merce est 772000 $\left\{\begin{array}{l} 200600 \\ 42000 \\ 72000 \\ 414200 \\ 43200 \\ \overline{772000} \end{array}\right\}$ qui, divisés par le dé-

nominateur commun (9000), nous amènent au
résultat obtenu différemment : 85^{fr},77^c.

Par cette méthode, nous n'aurons plus qu'une
seule division à opérer. Précédemment, nous
étions obligés d'en effectuer autant qu'il y avait
d'échéances. L'abréviation est importante, on le
voit. Aussi ce mode de calculer les intérêts est-il
celui généralement adopté dans le commerce et
celui que nous jugeons être préférable à tous. Il
s'applique, en effet, à tous les taux, à toutes les
échéances; avantage que ne présente pas la méthode des *multiplicateurs* dont nous allons parler
bientôt.

Ce mode d'opérer par nombres, nous le formulerons ainsi :

*Il suffit, pour obtenir l'intérêt de plusieurs som-
mes placées à des échéances différentes, mais à un
même taux, de multiplier chaque capital par son*

nombre de jours à courir, d'additionner ensemble
tous ces produits appelés nombres *, et de diviser le*
total par le dénominateur correspondant au taux
demandé. Le quotient est l'intérêt cherché.

§ 5.

ÉCHÉANCE COMMUNE OU MOYENNE DES ÉCHÉANCES.

1er cas. — On appelle *échéance commune*, ou
moyenne d'échéance de divers effets, l'échéance
unique qu'eussent dû avoir tous ces effets pour
rapporter le même intérêt produit par les différentes échéances données.

Ainsi, si nous avons eu :

4000	placés pendant	36 jours à 6 °|o....	144,000	nombres.
1200	»	»	70 j.	»	84,000	
1500	»	»	90 j.	»	135,000	
1800	»	»	110 j.	»	198,000	

TOTAL...... 561,000 nombres à diviser
par 6000 : quotient, 93,50

Ensemble 8500 à différentes échéances et ayant produit 93,50 d'intérêt,

nous appellerons *échéance commune* de ces effets
le nombre de jours pendant lequel il aurait fallu
les placer tous, pour arriver au même résultat
(93 fr. 50 c.) *ou à la même somme de nombres*
(561000), ce qui est synonyme et ce qu'il est
essentiel de se rappeler.

Connaissant le total des sommes (8500 fr.) et
le total des nombres (561000), nous aurons la

moyenne des échéances en divisant les *nombres* par le montant des *sommes*.

561000 divisés par 8500 donnent pour quotient 66. — Nous pouvons vérifier l'exactitude de ce chiffre.

4000 placés pendant 66 jours, donnent.....					264000 nombres.
1200	»	»	»	»	»	79200
1500	»	»	»	»	»	99000
1800	»	»	»	»	»	118800

Soit, comme précédemment,............ 561000 nombres, qui, divisés encore par 6000 pour être réduits en francs, ne peuvent manquer de donner l'intérêt obtenu déjà : 93 fr. 50 c.

On conçoit aisément pourquoi divisant les nombres par les sommes, on a la moyenne cherchée.

Chercher l'échéance moyenne, en effet, c'est chercher un nombre qui, multiplié d'abord

par 4000,

puis par 1200,

puis par 1500,

puis par 1800,

qui, répété enfin une quantité de fois égale à 8500, produise 561000. N'est-ce pas ce chiffre que nous ne pouvons manquer d'obtenir, quand nous cherchons combien de fois 8500 est contenu dans 561000?

Donc, la division des nombres par le montant des sommes donne toujours au quotient la moyenne des échéances.

Ainsi, entre autres avantages, la méthode des nombres offre la possibilité de trouver *immédiate-*

5

ment l'échéance commune des effets dont l'intérêt
a été calculé suivant ce système.

2ᵉ cas. — Le plus souvent, quand on doit trouver une commune, on n'a pour données que le
taux, le montant des capitaux et l'intérêt produit.

Le mode d'opérer pour arriver à la solution
demandée devra-t-il, dans ce cas, différer beaucoup
du mode précédent? Pas le moins du monde. — La
raison en est simple.

Puisque, pour avoir une moyenne, il suffit de
diviser le montant des nombres qui a servi à faire
trouver l'intérêt, par le capital; puisque nous
avons déjà une de ces sommes exigées (le capital),
procurons-nous l'autre (les nombres) en ramenant
l'intérêt donné *aux nombres* qu'il représente.

Un seul exemple fera bien comprendre la méthode que nous conseillons.

Trouver l'échéance commune de divers effets,
s'élevant ensemble à 7425150 fr. qui, placés tous
à 6 °|₀, ont produit 49501 fr. d'intérêt.

Nous devrions, avons-nous dit plus haut, diviser les nombres par le capital, 7425150. Mais
nous ne connaissons pas le montant des nombres.
Comment pourrons-nous l'obtenir? En multipliant
49501 fr. (intérêt donné) par 6000 (diviseur pour
6 °|₀), attendu que la somme de 49501 fr. est
l'intérêt correspondant à une quantité de nombres

6000 fois aussi grande (quand il s'agit du taux de
6 °|₀).

49501 multipliés par 6000 donnent au produit
297006000, nombres cherchés.

297006000 divisés par le capital, 7425150 fr.,
donnent la moyenne cherchée : 40 jours.

Deux opérations ont donc suffi pour faire obtenir
la commune d'échéance. D'où nous concluons que
le mode le plus abréviatif de connaître une moyenne,
quand les chiffres donnés sont le capital, l'intérêt
et le taux, *c'est de ramener l'intérêt aux nombres
qu'il représente, au moyen des multiplicateurs,
6000 pour 6 °|₀, 9000 pour 4 °|₀, etc., et de
diviser ce produit par le capital.* Le quotient sera la
moyenne cherchée.

Le même problème étant posé, une règle de
proportion nous amènerait également à la solution.

Pour cela, nous devrions chercher tout d'abord,
l'intérêt annuel du capital 7425150 fr. placé à
6 °|₀ ; cet intérêt est 445509.

Connaissant cet intérêt annuel, ou intérêt de
360 jours, nous dirions :

Si 445509 fr. sont l'intérêt de 360 jours, une
somme de 49501 fr. est l'intérêt d'un nombre de
jours proportionnel, d'un nombre de jours qui est
à 360 ce qu'est 49501 à 445509. C'est ce qu'exprime la proportion ci-après :

$$x : 360 :: 49501 : 445509.$$

Trois termes d'une proportion étant connus (deux moyens et un extrême), il nous faudra, pour trouver le quatrième terme, diviser le produit des deux moyens (360 et 49501) par l'extrême connu (445509). Le quotient sera le quatrième terme, la moyenne cherchée par conséquent. Comme précédemment, nous obtenons ce résultat : 40 jours.

3e cas. — Un 3e cas peut se présenter, dans lequel l'application de ce mode d'opérer présente plus d'avantages encore que dans la question précédente.

Le problème qui suit en est un exemple :

Des effets s'élevant à 752000^{fr} et escomptés à 6 °|₀ ont produit............... 6216^{fr} d'int.

D'autres effets s'élevant à 1525000^{fr} et escomptés à 5 °|₀ ont produit.... 6930 »

D'autres effets s'élevant à 480080^{fr} et escomptés à 4 °|₀ ont produit.... 1602 »

Soit....... 14748^{fr} d'int.

On demande quelle est l'échéance moyenne de ces divers effets, dont le total est 2757080^{fr}.

Ici il n'est plus possible de procéder par proportion et de comparer entre eux l'intérêt produit, soit 14748 fr., et l'intérêt de 2757080 fr. pendant 360 jours, puisque le dernier ne peut qu'être calculé à un taux unique, et que le premier, 14748 fr., est le résultat de trois taux différents.

Cependant, nous arriverions à la solution désirée en ramenant ces intérêts, 6216 fr., 6930 fr., 1602 fr. à un même taux. Pour cela, prenant, par exemple, 4 °|₀ pour terme de comparaison, il nous faudrait dire :

Une somme qui, escomptée à 6 °|₀, a produit 6216 fr., n'eût produit, à 4 °|₀, que les 2|3, ou .... 4144 fr.

Une somme qui, escomptée à 5 °|₀, a produit 6930 fr., n'eût produit, à 5 °|₀, que les 4|5, ou................... 5544

Et la somme escomptée à 4 °|₀, terme de comparaison, eût donné encore... 1602

TOTAL.......... 11290 fr.

C'est donc 11290 fr. qu'eût produit le capital total 2757080 fr., s'il eût été placé constamment à 4 °|₀. Qu'eût produit ce capital placé au même taux pendant l'année entière, 360 jours ? Il eût donné 110283 fr. 20 c.

Ramenés à une règle de proportion, nous pouvons dire enfin :

La moyenne cherchée est à 360 comme 11290 est à 110283,20 ($x : 360 : : 11290 : 110283,20$).

Multiplions 11290 par 360 et divisons le produit obtenu (4064400) par 110283ᶠʳ, 20ᶜ, nous aurons l'échéance commune cherchée, soit 36 jours $\dfrac{85}{100}$ de jour.

Mais ce n'aura pas été sans peine que nous serons arrivés à ce résultat. Que d'opérations à faire; que de proportions à énoncer! La méthode des nombres nous épargne tout cela. Avec elle, point de terme de comparaison nécessaire, point de règle de proportion.

L'intérêt à 6 °|₀, 6216 fr., étant donné, ainsi que l'intérêt à 5 °|₀, 6930 fr., et l'intérêt à 4 °|₀, 1602 fr., il s'agit tout simplement de ramener ces trois intérêts aux trois totaux de nombres qu'ils représentent, en multipliant

l'intérêt à 6 °|₀, 6216 fr., par 6000, on obtient..... 37296000 nombres.

    »   5 °|₀, 6930 fr., par 7200,   »   49896000

    »   4 °|₀, 1602 fr., par 9000,   »   14418000

d'additionner ces trois sommes et de diviser le total 101610000 nombres par 2757080 fr. On a de suite le résultat qui, par l'autre système, a demandé tant de calculs soit, 36 jours$\frac{85}{100}$ environ.

———◇◇———

Quand dans le problème à résoudre, l'un des taux donnés sera 3 $\frac{1}{2}$ °|₀ (c'est-à-dire un taux non réductible), il faudra, pour trouver les nombres représentés par l'intérêt calculé à ce taux, multiplier cet intérêt par 9000 et augmenter le produit d'un 7ᵉ; le résultat sera la somme de nombres cherchée. Quand on aura l'intérêt à 5 $\frac{1}{2}$ °|₀, il faudra, pour avoir les nombres cherchés, multiplier cet intérêt par 5000, et augmenter le produit de 1|11ᵉ. Pour le taux de 7 °|₀, il faudra multiplier l'intérêt par 6000, et diminuer le produit d'un 7ᵉ.

———◇◇———

CHAPITRE II.

DEUXIÈME RÉDUCTION POSSIBLE.

Méthode dite des Multiplicateurs.

Nous n'avons encore appliqué ce principe de réductibilité de l'expression fractionnaire qu'au taux (faisant partie du numérateur) et au nombre 360 (faisant partie du dénominateur).

Nous sommes ainsi arrivés à démontrer qu'on obtient l'intérêt d'une somme quelconque placée pendant un certain temps, à 6 °|₀ par exemple, en multipliant le capital par les jours et en divisant le résultat par 6000.

Mais nous pourrons, poussant plus loin ce système, arriver à supprimer encore une opération. Voici comment et dans quel cas cela nous sera possible :

S'agit-il, par exemple, de trouver l'intérêt de 2545 fr. pendant 36 jours à 4 °|₀ ?

Nous devrions, d'après la méthode des nombres, faire les calculs suivants : multiplier le capital 2545 fr. par les jours, 36, et diviser le produit par 9000. C'est ce qu'indique l'expression $\dfrac{2545 \times 36}{9000}$.

Ces opérations effectuées, nous donneraient pour résultat 10 fr. 18 c.

Mais si nous appliquons encore ce principe : « La valeur d'une fraction ou expression fractionnaire ne change pas quand on divise ses deux termes par un même nombre, » principe qui est la base de toutes les réductions possibles, nous dirons : le numérateur et le dénominateur de l'expression fractionnaire $\frac{2545 \times 36}{9000}$, offrant chacun un terme divisible par 9 (36 et 9000), nous pouvons donc diviser ces deux termes par le nombre 9, sans changer la valeur de l'expression, et nous n'avons plus alors que $\frac{2545 \times 4}{1000}$. Résultat : 10 fr. 18 c.

Dans ce dernier cas, il n'y a vraiment d'autre opération à faire que la multiplication par 4 ; la division par 1000 ne peut compter pour un calcul, attendu qu'il s'agit seulement, pour l'effectuer, de séparer par une virgule trois chiffres décimaux sur la droite.

—

Autre exemple : Quel sera l'intérêt de 1824 fr. placés pendant 54 jours à 6 °|₀ ?

La méthode usuelle nous enseigne qu'il faut multiplier 1824 par 54 et diviser le produit par 6000. Ces opérations sont celles indiquées par cette expression : $\frac{1824 \times 54}{6000}$, et nous donnent pour l'intérêt cherché 16^{fr}, 416$^{mill.}$

Mais puisque nous avons ici les deux termes 54 et 6000, divisibles par 6, nous effectuerons cette réduction possible et nous n'aurons plus que $\dfrac{1824 \times 9}{1000}$, c'est-à-dire une seule multiplication par 9, et trois chiffres décimaux à séparer sur la droite pour rendre le produit mille fois moins fort. Notre résultat sera aussi 16^{fr} 416^{mill}.

—

Quand le taux de l'intérêt est à 5 °|$_0$, le diviseur est 7200. La simplification des calculs se présente généralement alors sous une autre forme. Ce n'est plus la division qui est supprimée, mais la multiplication.

Exemple : Quel sera l'intérêt de 5120 fr. pendant 24 jours à 5 °|$_0$?

L'expression fractionnaire non simplifiée devra être celle-ci : $\dfrac{5120 \times 24}{7200}$.

Mais puisque nous y trouvons deux termes (7200 et 24) divisibles par un même nombre (24), nous abrégerons nos calculs en effectuant cette division par 24, et nous n'aurons plus ainsi que $\dfrac{5120}{300}$.

— Résultat : 17, 06 ^{2}|$_3$.

—

L'abréviation obtenue par la réduction de l'expression fractionnaire dans les trois exemples ci-dessus est vraiment satisfaisante.

Mais, on le comprend, cette réduction, ce mode d'opérer, par conséquent, n'est possible que quand le nombre de jours donné divise exactement le dénominateur correspondant au taux. Or, dans la généralité des cas, le nombre de jours ne divise pas le dénominateur. Voilà pourquoi cette méthode dite des *multiplicateurs* n'est pas appliquée aux calculs des bordereaux contenant plusieurs échéances. Parfois elle abrégerait, mais le plus souvent elle allongerait de beaucoup les calculs à faire.

Nous la conseillerons seulement quand l'intérêt à trouver portera sur une seule échéance réductible, ou bien lorsque, d'un coup d'œil, il sera aisé de voir que toutes les échéances données sont des quantités susceptibles de réduction.

Ces cas sont des exceptions, nous le répétons.

Cependant, comme une méthode abréviative a toujours quelque chose de bon, même quand elle s'adresse à des exceptions, nous donnons ci-après quelques tables qui permettront parfois d'arriver à la solution d'une question d'intérêt par une multiplication des plus courtes.

On remarquera que ces tables ne contiennent pas tous les nombres de jours compris entre 1 et 180, mais seulement les nombres qui permettent d'opérer la réduction indiquée précédemment.

TABLE donnant les facteurs à l'aide desquels on peut obtenir directement l'intérêt à 3 °|₀.

Jours.	Facteurs correspondants.	Jours.	Facteurs correspondants.
1	1/12	72	6
2	1/6	84	7
3	1/4	96	8
4	1/3	108	9
6	1/2	120	10
12	1	132	11
24	2	144	12
36	3	156	13
48	4	168	14
60	5	180	15

Noᴛᴀ. *Il suffit pour obtenir, au moyen de cette table, l'intérêt à 3 °|₀ d'un capital quelconque placé pendant un nombre de jours indiqué ci-dessus, de multiplier ce capital par le facteur correspondant au nombre de jours donné, et de diviser le produit par 1000, en séparant trois chiffres décimaux sur la droite.*

Exemple. Quel sera l'intérêt de 1282 fr. placés pendant 24 jours à 3 °|₀?

Le nombre 24 étant compris dans la table, nous cherchons son facteur correspondant, et nous trouvons 2. Multipliant 1282 fr. par 2 et divisant le produit 2564 par 1000 en séparant 3 chiffres décimaux, nous avons pour résultat 2ᶠʳ,564ᵐⁱˡˡ, intérêt cherché.

TABLE donnant les facteurs pour le taux de 4 °|o.

Jours.	Facteurs correspondants.	Jours.	Facteurs correspondants.
1	1/9	90	10
3	1/3	99	11
9	1	108	12
18	2	117	13
27	3	126	14
36	4	135	15
45	5	144	16
54	6	153	17
63	7	162	18
72	8	171	19
81	9	180	20

NOTA. *Pour trouver l'intérêt d'un capital quelconque pendant un nombre de jours contenu dans la table, il faut multiplier ce capital par le facteur correspondant au nombre de jours donné, et diviser le produit par 1000.*

Exemple. Trouver l'intérêt de 4522 fr. placés pendant 9 jours à 4 °/o.

Pour 9 jours, le multiplicateur est 1. Le produit est donc la somme de 4522 elle-même, qui, divisée par 1000, nous donne 4 fr. 522, intérêt cherché.

TABLE donnant les facteurs pour le taux de
$4\ ^{1}|_{2}\ °|_{0}.$

Jours.	Facteurs correspondants.	Jours.	Facteurs correspondants.
2	1/4	88	11
4	1/2	96	12
8	1	104	13
16	2	112	14
24	3	120	15
32	4	128	16
40	5	136	17
48	6	144	18
56	7	152	19
64	8	160	20
72	9	168	21
80	10	176	22

NOTA. *Pour trouver l'intérêt d'un capital quel conque pendant un nombre de jours contenu dans la table, il faut multiplier ce capital par le facteur correspondant au nombre de jours donné et diviser le produit par 1000.*

Exemple. Quel sera l'escompte à $4\ ^{1}|_{2}\ °|_{0}$ de 215 fr. ayant 16 jours à courir?

Pour 16 jours, le facteur est 2. Le produit est donc 430, que nous divisons par 1000, et nous obtenons pour résultat $0,430^{mil}$ ou $0,43^{cent}$.

TABLE donnant les facteurs pour le taux de 5 °|₀.

Jours.	Facteurs correspondants.	Jours.	Facteurs correspondants.
1	1/72 (1)	12	1/6
2	1/36	18	1/4
3	1/24	24	1/3
4	1/18	36	1/2
6	1/12	72	1
8	1/9	144	2
9	1/8		

Nota. *Pour trouver l'intérêt d'un capital quelconque pendant un nombre de jours contenu dans la table, il faut multiplier ce capital par le facteur correspondant au nombre de jours donné et diviser le produit par 100.*

Exemple : Quel est l'intérêt à prélever sur un effet de 11276 fr. ayant 24 jours d'échéance ?

Pour 24 jours le facteur est $^1/_3$. Le produit de 11276 par $^1/_3$ est 3758 qui, divisés par 100, nous amènent à ce résultat : 37 fr. 58 c., intérêt cherché.

---

(1) La multiplication par une fraction ayant le chiffre 1 pour numérateur, est, sous une autre forme, une division par le dénominateur. Multiplier une somme par 1|36, c'est la diviser par 36 ; la multiplier par 1|3, c'est la diviser par 3.

TABLE donnant les facteurs pour le taux de 6 %.

Jours.	Facteurs correspond.	Jours.	Facteurs correspond.	Jours.	Facteurs correspond.
1	1/6	54	9	120	20
2	1/3	60	10	126	21
3	1/2	66	11	132	22
6	1	72	12	138	23
12	2	78	13	144	24
18	3	84	14	150	25
24	4	90	15	156	26
30	5	96	16	162	27
36	6	102	17	168	28
42	7	108	18	174	29
48	8	114	19	180	30

NOTA. *Pour trouver l'intérêt d'un capital quelconque pendant un nombre de jours contenu dans la table, il faut multiplier ce capital par le facteur correspondant au nombre de jours donné et diviser le produit par 1000.*

Exemple : Quel intérêt devra-t-on retenir à 6 % sur un effet de 4751 fr. ayant 144 jours à courir ?
Pour 144 jours, le multiplicateur est 24.

$$
\begin{array}{r}
4751 \\
24 \\
\hline
19004 \\
9502 \\
\hline
\end{array}
$$

Le produit de 4751 par 24 est 114024. L'intérêt étant mille fois moins fort, sera donc 114^{fr},024^{mil}.

Nous avons cru inutile de multiplier les exemples. Ces quelques-uns ont dû suffire pour faire comprendre le mécanisme de ces tables, et quel avantage elles offrent quand le nombre de jours pour lequel il faut trouver l'intérêt a pu y être mentionné.

———

En cherchant à abréger les calculs d'intérêt, nous n'avons fait porter nos réductions que sur le *taux* et les *jours*. Et cependant une troisième somme se trouve toujours au numérateur : le capital. Voici pourquoi nous ne nous en sommes point occupé : Dans la pratique, les taux usités sont très-limités ; le nombre de jours pendant lequel est placé le capital l'est également. On peut donc prévoir un très-grand nombre de cas où une réduction pourra s'effectuer sur ces deux sommes. Mais le capital variant à l'infini, on ne peut raisonnablement se préoccuper des rares exceptions où il serait possi- ble de faire porter sur lui la réduction.

En ne nous préoccupant que du taux et des jours et laissant de côté le capital, il n'y a donc eu, de notre part, aucun oubli, mais seulement une abstention justifiée.

———

*Solution, par les parties aliquotes, des problèmes
d'intérêt aux taux de 3, 4, 4 $\frac{1}{2}$, 5 et 6 °|₀.*

Une partie aliquote est celle qui est contenue
plusieurs fois exactement dans un tout. 3 est l'aliquote de 9, 8 est l'aliquote de 40.

La méthode de résoudre une question d'intérêt
par les *parties aliquotes* est une induction tirée de
la méthode des *multiplicateurs*.

Cette dernière méthode, en effet, nous apprend
qu'en séparant sur la droite deux chiffres décimaux
d'un capital donné, on a de suite l'intérêt

de 120 jours, quand le capital est placé à 3 °|₀,

de	90	—	—	—	4 °|₀,
de	80	—	—	—	4 $\frac{1}{2}$°|₀,
de	72	—	—	—	5 °|₀,
de	60	—	—	—	6 °|₀.

Ces cinq intérêts sont les points de départ des
calculs à effectuer en opérant par les parties aliquotes.

Exemple : Nous demande-t-on l'intérêt de 672 fr.
placés pendant 68 jours à 3 °|₀?

Connaissant l'intérêt pour 120 jours (6^{fr}, 72^c),
nous cherchons, au moyen d'une division par 2,
l'intérêt de 60 jours . . . . 3^{fr}, 36^c

Ayant l'intérêt de 60 jours, nous avons

3ᶠʳ 36ᶜ

celui de 6 jours à l'aide d'une division
par 10 . . . .   0ᶠʳ, 33ᶜ

L'intérêt des 2 jours restant est le 1/3
de l'intérêt de 6 jours 0ᶠʳ, 11ᶜ

L'intérêt de 68 jours est le total 5ᶠʳ, 80ᶜ

—

Autre exemple : Trouver l'intérêt de 1476 fr.
placés pendant 37 jours à 4 $\frac{1}{2}$ °|₀.

Ici nous savons que l'intérêt de 80 jours est
14 fr. 76 c. L'intérêt de 20 jours est le $\frac{1}{4}$ de
14 fr. 76 c 3ᶠʳ, 69ᶜ

Celui de 10 jours est la $\frac{1}{2}$ du précé-
dent 1ᶠʳ, 84ᶜ

Celui de 5 jours est la $\frac{1}{2}$ de l'intérêt
de 10 jours 0ᶠʳ, 92ᶜ

Celui de 2 jours est le $\frac{1}{5}$ de l'intérêt
de 10 jours 0ᶠʳ, 37ᶜ

L'intérêt pour 37 jours est donc 6ᶠʳ, 82ᶜ

On opèrera de même pour les taux de 4 °/₀,
5 °/₀ et 6 °/₀. — Prenant pour base l'intérêt de
90 jours quand le taux sera 4, l'intérêt de 72 jours
quand le taux sera 5, l'intérêt de 60 jours quand
le taux sera 6, et, marchant ensuite d'induction
en induction, on arrivera à trouver assez rapide-
ment l'intérêt de toutes les sommes possibles, et
cela quel que soit le nombre de jours donné.

CHAPITRE III.

ESCOMPTE EN DEDANS.

C'est de *l'escompte en dehors* que nous nous sommes exclusivement occupé dans les chapitres précédents Cet escompte est, nous l'avons vu, l'intérêt prélevé, au taux déterminé, sur la somme tout entière portée sur l'effet négocié.

L'escompte en dedans peut être défini : l'intérêt prélevé, au taux déterminé, sur la valeur actuelle du billet.

Quand nous *escomptons en dehors* un billet de 1000 fr. ayant un an d'échéance, nous raisonnons ainsi : Si sur 100 fr. nous devons retenir 6 fr., sur 1 fr. nous devrons retenir $\frac{6}{100}$, et sur 1000 fr. nous retiendrons $\frac{6 \times 1000}{100}$ ou 60 fr., c'est-à-dire que nous ne payons que 940 fr., pour lesquels nous prélevons 60 fr. d'intérêt, ce qui est plus de 6 °|₀, on le voit.

Quand nous escomptons le même effet *en dedans,* nous devons chercher quelle valeur représentent actuellement 1000 fr. payables dans un an. Nous disons alors : 100 fr. placés à 6 °|₀ valent au bout d'un an 106 fr.; inversement, 106 fr. payables dans un an ne représentent actuellement que 100 fr.

et ne doivent donc éprouver que 6 fr. de retenue; si sur 106 fr. nous prélevons 6 fr., sur 1 fr. nous prélèverons $\dfrac{6}{106}$, et sur 1000 fr. nous prélèverons $\dfrac{6 \times 1000}{106}$ ou 56 fr. 60 c. Nous payons alors au porteur du billet négocié 1000 fr. moins 56 fr. 60 c., soit 943 fr. 40 c. — L'intérêt à 6 °|₀ de 943 fr. 40 c. est bien pour un an de 56 fr. 60 c.

Le billet ayant un an d'échéance, nous retenons, dans le premier cas (escompte en dehors), 6 fr. sur 100 fr., et dans le second (escompte en dedans), 6 fr. sur 106 fr.

L'escompte en dedans est par conséquent moins élevé que l'escompte en dehors. Il n'est prélevé, en effet, que sur la somme payée au moment de la négociation, tandis que l'autre est prélevé à la fois sur cette somme et sur l'intérêt de cette somme.

Quoique moins exact, c'est l'escompte en dehors qui est adopté dans le commerce et la banque, et cela, sans doute, parce qu'il est plus facile à calculer.

C'est de lui seulement que nous nous sommes occupé dans ce traité, et ce n'est que pour ne point paraître avoir commis un oubli, que nous avons dit ces quelques mots de l'escompte en dedans.

CHAPITRE IV.

RENTES.

§ 1er.

Dans les problèmes d'intérêt, une somme invariable de 100 fr. rapporte par an un intérêt variable, le taux.

Dans les questions de rentes, au contraire, une somme variable, dite *le cours de la rente,* produit un intérêt fixe.

Ainsi pour avoir une somme fixe de 3 fr. de rente, il faut placer tantôt 70 fr., tantôt 71 fr., tantôt 70 fr. 50 c., etc. De même, pour avoir $4\ ^{1}|_{2}$ de rente (somme fixe), il faut débourser ou 98 fr., ou 99 fr., ou 97 fr. 40 c., etc., suivant que le cours de cette rente est plus ou moins élevé.

Les rentes $3\ ^{o}|_{o}$, $4\ ^{1}|_{2}\ ^{o}|_{o}$ et $5\ ^{o}|_{o}$ sont, en France, les plus répandues. C'est d'elles que nous nous occuperons plus spécialement.

L'achat et la vente de ces rentes donnent lieu à un certain nombre d'opérations dont nous présentons quelques exemples dans les paragraphes suivants.

§ 2.

1ᵉʳ CAS. — *Le cours de la rente et le capital à placer étant connus, trouver la somme de rente que produira ce capital donné.*

Exemple : Combien aura-t-on de rente 4 $\frac{1}{2}$ °|₀ pour 13500 fr., quand le cours de cette rente est 96 fr.?

Pour résoudre ce problème, nous dirons : Si 96 fr. rapportent 4 $\frac{1}{2}$ ou 4 fr. 50 c., 1 fr. rapportera 96 fois moins que 96 fr. ou $\dfrac{4^{\text{fr}},50^{\text{c}}}{96}$, et 13500 fr., capital à placer, rapporteront 13500 fois autant qu'un franc ou $\dfrac{4^{\text{fr}},50^{\text{c}}\times13500}{96}$. Effectuant ces opérations indiquées, c'est-à-dire multipliant 4,50 par 13500 fr., et divisant le produit par 96 fr., nous aurons le résultat cherché : 632 fr. 81 c. $\frac{1}{4}$.

———

Le cours du 3 °|₀ étant 69 fr., que rapporteront 18000 fr. placés ainsi?

Nous devrons dire pour arriver à la solution désirée : Si 69 fr. rapportent 3 fr., 1 fr. rapportera 69 fois moins que 69 fr., ou $\dfrac{3}{69}$, et 18000 fr. rapporteront 18000 fois plus que 1 fr. ou $\dfrac{3\times18000}{69}$, ce qui nous amène à ce résultat : 782 fr. 60 c.

———

Dans ce premier cas, ainsi que le démontrent suffisamment les opérations effectuées ci-dessus, *il faut donc, pour obtenir la somme de rente cherchée, multiplier le capital par le taux (qui est un nombre invariable) et diviser le produit par le cours de la rente.*

§ 3.

2ᵉ CAS. — *Le cours de la rente et le revenu qu'on veut posséder étant connus, trouver le capital à débourser pour obtenir ce revenu.*

Exemple : Combien coûteront 155 fr. de rente 3 %, au cours de 70 fr. 50 c. ?

Pour résoudre ce problème, nous dirons : Si pour avoir 3 fr. de rente, il faut placer 70 fr. 50 c., pour avoir 1 fr de rente, il faudra placer 3 fois moins, ou $\dfrac{70^{fr},50^c}{3}$, et pour avoir 155 fr. de rente, il faudra placer 155 fois autant que pour 1 fr., ou $\dfrac{70,50 \times 155}{3} = 3640$ fr. 50 c.

———

Autre exemple : Quand le 4 ¹⁄₂ est à 99 fr., quel capital faut-il débourser pour avoir 211 fr. de rente ?

Nous devons dire ici : Si pour avoir 4 ¹⁄₂ ou 4 fr. 50 c. de rente, il faut donner 99 fr., pour avoir 1 fr., il faudra 4 fois ¹⁄₂ moins que pour

4 fr. 50 c., ou $\dfrac{99}{4,50}$, et pour avoir 211 fr., il faudra donner 211 fois plus que pour 1 fr., ou $\dfrac{99 \times 211}{4,50}$, c'est-à-dire 4642 fr., capital cherché.

—

Dans ce deuxième cas, nous devrons donc, *pour trouver le capital à débourser, multiplier le cours de la rente par le revenu qu'on veut obtenir et diviser le produit par le taux de cette rente ; le quotient sera le résultat demandé.*

§ 4.

3ᵉ CAS. — *Connaissant le cours de la rente, déterminer le taux réel auquel on place son argent.*

Exemple : Quand la rente 3 °|₀ est à 71 fr., quel taux retire-t-on réellement d'un placement de ce genre ? Ou autrement, que rapportent 100 fr. lorsque 71 fr. rapportent 3 fr. ?

Le raisonnement qui conduit à la solution de ce problème est des plus simples. Si 71 fr. rapportent 3 fr., dirons-nous, 1 fr. rapportera 71 fois moins que 71 fr., ou $\dfrac{3}{71}$, et 100 fr. rapporteront 100 fois autant que 1 fr., ou $\dfrac{3 \times 100}{71}$, expression égale à 4ᶠʳ, 225ᵐⁱˡˡ· environ.

De là nous conclurons que, pour connaître le *taux réel* d'un placement, il suffit, *connaissant le cours de la rente et le taux invariable de cette rente, de multiplier ce taux par 100 et de diviser le produit par le cours indiqué. On a pour quotient le taux réel.*

APPLICATION DE LA RÈGLE CI-DESSUS.

Problème : Quand le 3 $°|_0$ est à 69 fr. 60 c. et le 4 $^1|_2$ à 99 fr., quelle rente offre l'intérêt le plus élevé ?

Opérant suivant la méthode indiquée ci-dessus, nous cherchons le taux réel de la rente 3 $°|_0$ en multipliant le taux 3 par 100 et en divisant le produit 300 par le cours, 69 fr. 60 c. Nous obtenons pour résultat 4 fr. 31 c. environ.

Nous suivons la même marche pour la rente 4 $^1|_2$, en multipliant 4,50 par 100 et en divisant le produit 450 par 99 fr.

Nous trouvons cette fois pour taux réel 4 fr. 54 c. environ.

Donc, la rente 4 $^1|_2$ offre un intérêt plus élevé que le 3 $°|_0$.

7

§ 5.

COURS DE REVIENT OU COURS MOYEN D'ACHAT.

4ᵉ CAS. — *Connaissant le capital déboursé, la somme de rente obtenue et le taux de cette rente, déterminer le cours moyen auquel on a acheté.*

Exemple : Une personne a acheté en 5 °|₀ :

212ᶠʳ de rente qui lui ont coûté   4501ᶠʳ

531   »   »   11342

97   »   »   2133

soit en tout 840ᶠʳ de rente ayant coûté.. 17976ᶠʳ trouver le cours de revient de ces divers achats, ou bien, ce qui est synonyme, à combien reviennent 5 fr. de rente?

Nous arriverons à la solution de ce problème en disant : Si 840 fr. de rente ont coûté 17976 fr., 1 fr. a dû coûter 840 fois moins que 840 fr., ou $\frac{17976}{840}$, et 5 fr. de rente ont coûté 5 fois autant que 1 fr., ou $\frac{17976 \times 5}{840}$, expression donnant pour résultat 64 fr. 20 c., cours de revient cherché. — 840 fr. de rente 5 °|₀ à 64 fr. 20 c. représentent, en effet, un capital de 17976 fr.

S'il s'était agi de rente 4 ¹|₂ °|₀, nous aurions raisonné de même et dit :

840 fr. de rente ayant coûté 17976 fr., 1 fr. de rente a dû coûter 840 fois moins que 840 fr., ou $\dfrac{17976}{840}$, et 4 fr. 50 c. de rente ont coûté 4 fois $\frac{1}{2}$ autant que 1 fr., ou $\dfrac{17976 \times 4{,}50}{840}$. Résultat : 96 fr. 50 c., cours cherché. — 840 fr. de rente 4 $\frac{1}{2}$ à 96 fr. 50 c. représentent bien un capital de 17976 fr.

De ces deux exemples nous conclurons que, *pour trouver le cours de revient d'une rente, il faut, connaissant le capital déboursé, la rente obtenue et le taux, multiplier le capital par le taux et diviser le produit par la rente.* Le quotient sera le cours de revient.

§ 6.

DU COURS MOYEN PROPREMENT DIT.

En terme de bourse, on appelle *cours moyen d'une valeur* le prix de cette valeur tenant le milieu entre tous les cours cotés à la bourse un même jour.

Il suffit, pour obtenir ce chiffre, d'additionner ensemble tous les cours cotés et de les diviser en autant de parties égales qu'ils représentent de sommes.

Si le 3 °|₀, par exemple, a fait en une même

bourse 69 fr. 40 c., 68 fr. 90 c., 68 fr. 80 c. et
68 fr. 50 c., nous additionnerons ces 4 sommes :

$$69,40$$
$$68,90$$
$$68,80$$
$$68,50$$

et nous diviserons le total 275,40 par 4. Le quotient 68 fr. 85 c. sera le cours moyen du jour.

Il en est de même de toute autre valeur.

Exemple : Les actions du Midi ayant fait les cours de 761 fr. 25 c., 770 fr. et 767 fr. 50 c., quel est le cours moyen de ce jour ?

Nous additionnons ces 3 sommes :

$$761,25$$
$$770$$
$$767,50$$

et nous divisons le total 2298,75 par 3. Nous avons pour cours moyen 766 fr. 25 c.

§ 7.

DE L'ABRÉVIATION DES CALCULS DE RENTE.

Comme dans les problèmes d'intérêt que nous avons cités dans ce travail, ou plutôt comme dans tous les problèmes possibles, on a, dans les calculs de rente, la possibilité d'arriver parfois plus promptement à la solution désirée.

Nous envisagerons d'abord cette possibilité de réduction au point de vue des calculs de rente 3 °|o.

—

Rente 3 °|o.

Deux cas peuvent se présenter dans un problème relatif à la rente 3 °|o.

1er cas. — Le premier est celui où, connaissant le *capital* à placer et le *cours de la rente*, il faut déterminer le *revenu* qu'on pourra se procurer.

Nous avons vu au deuxième paragraphe de ce chapitre, que les opérations à effectuer pour arriver à la solution désirée, sont alors les suivantes : *La multiplication du capital par 3 et la division de ce produit par le cours.*

Si donc l'on nous demande combien on aura de revenu en 3 °|o avec un capital de 4853 fr. quand le cours de la rente est 69 fr., nous devrons multiplier 4853 par 3, et diviser le produit par 69. Le quotient 211 fr. sera le résultat cherché. Ce sont ces calculs qu'indique l'expression suivante : $\dfrac{4853 \times 3}{69}$.

Voulons-nous chercher à abréger ces opérations? Nous devons regarder alors si le chiffre 3, qui se trouve *toujours* au numérateur de l'expression fractionnaire, ne divise pas exactement le cours, 69. La réduction étant possible, nous l'effectuons, toujours en vertu de ce principe : *La valeur d'une fraction ou expression fractionnaire ne change pas quand on divise ses deux termes par un même nombre*. Cette réduction opérée, nous n'avons plus que l'expression $\dfrac{4853}{23}$, laquelle nous amène également au résultat déjà trouvé, 211 fr. Dans ce cas, nous avons supprimé une multiplication par 3.

Si le cours eût été un nombre non divisible par 3, la réduction n'eût pas été possible, et c'est ce qui a lieu les deux tiers du temps. Quoique l'abréviation que nous signalons ne s'applique donc qu'au tiers des cas présentés, nous la formulerons cependant, et nous dirons : *Connaissant le capital à placer en rente 3 % et le cours de cette rente, il faudra, pour trouver le revenu, diviser le capital par le $\frac{1}{3}$ du cours.*

2ᵉ cas. — Le deuxième cas est celui où, connaissant *le cours* de la rente et *le revenu* qu'on veut posséder, il faut déterminer *le capital* à débourser.

Ici, nous l'avons vu, il faut multiplier le cours par le revenu et diviser le produit par 3.

Si donc l'on nous demande ce que coûteront 156 fr. de rente 3 % à 65 fr. 30, nous devrons, ainsi que l'indique l'expression suivante : $\dfrac{156 \times 65,30}{3}$, multiplier 156 par 65,30 et diviser le produit par 3. Nous aurons pour résultat 5291 fr. 60 c. Mais si nous pouvons faire disparaître le dénominateur 3, nous nous épargnerons une division. Pour que ce chiffre 3 disparaisse, il faudra que l'une des deux sommes du numérateur, le revenu ou le cours, soit divisible par 3.

Dans l'exemple que nous avons choisi, nous voyons que ces deux sommes à la fois sont des multiples de 3. Nous ferons porter sur l'une d'elles indifféremment la réduction. En la faisant porter sur le cours, nous aurons l'expression : $156 \times 21,10$, donnant pour résultat 3291 fr. 60 c. ; en la faisant porter sur le revenu, nous aurons : $52 \times 63,30$, amenant encore à ce résultat : 3291 fr. 60.

D'où nous conclurons que, pour connaître le *capital à débourser*, il faudra, *connaissant le revenu et le cours du 3 °|₀, multiplier le cours par le* $\frac{1}{3}$ *du revenu, ou le* $\frac{1}{3}$ *du cours par le revenu.*

Nous le répétons, les abréviations signalées dans ce paragraphe ne sont possibles qu'autant qu'on opère sur des nombres divisant exactement le taux, 3.

Rente 4 $\frac{1}{2}$ °|₀.

Les calculs de rente 4 $\frac{1}{2}$ ne sont pas susceptibles d'abréviations importantes. — Ce chiffre de 4 $\frac{1}{2}$, en effet, divise trop rarement le cours ou le revenu pour que l'on puisse songer à l'éliminer comme nous avons fait pour le taux de 3 °|₀.

Au lieu donc d'appliquer ici ce principe qui, jusqu'à présent, a été la base de toutes nos réductions : *la valeur d'une expression fractionnaire ne change pas quand on divise ses deux termes par un même nombre*, nous appliquerons celui-ci : *la valeur d'une expression fractionnaire ne change pas quand on multiplie ses deux termes par un même nombre.*

Nous multiplierons alors les deux termes de notre expression par 2, et nous substituerons ainsi à une multiplication ou division par $4\,{}^1|_2$ une multiplication ou division par 9.

Exemple : Que coûteront 480 fr. de rente $4\,{}^1|_2$ à 98 fr. ?

Multipliant 480 par 98 et divisant le produit par $4\,{}^1|_2$, nous aurons pour quotient 10455 fr. 53 c.

Ces opérations sont indiquées par l'expression suivante : $\dfrac{480 \times 98}{4,50}$.

Si nous multiplions les deux termes de cette expression par 2, nous aurons : $\dfrac{480 \times 196}{9}$, et, comme précédemment, notre résultat sera 10455 fr. 53 c.

Autre exemple : Combien aura-t-on de rente $4\,{}^1|_2$ avec un capital de 5250 fr., quand le cours de cette rente est 99 fr. 50 c. ?

Ici nous devrions, comme l'indique l'expression suivante, multiplier 5250 par $4\,{}^1|_2$ et diviser le produit par 99,50. Notre résultat serait 237^{fr} 43^c.

$$\frac{5250 \times 4,50}{99,50}$$

Mais, multipliant à la fois le cours et le taux par 2, nous aurons cette expression : $\dfrac{5250 \times 9}{199}$, laquelle nous donne encore pour résultat 237^{fr} 43^c.

De ces deux exemples nous conclurons ceci :

1° *Connaissant le capital à placer en rente 4* $^1|_2$ *et le cours, il faudra, pour trouver le revenu, multiplier le capital par 9 et diviser le produit par le double du cours ;*

2° *Connaissant le revenu et le cours, on trouvera le capital en multipliant le revenu par le double du cours et en divisant le produit par 9.*

§ 8.

QUESTIONS RELATIVES A LA RENTE 5 %.

Quand le problème à résoudre a pour objet la rente 5 %, il est toujours possible d'abréger les calculs à effectuer. Le principe sur lequel est basée cette abréviation est celui appliqué à la rente 4 $^1|_2$: *De même que la valeur d'une expression fractionnaire ne change pas quand on divise ses deux termes par un même nombre, de même cette expression ne change pas de valeur quand on multiplie par une même somme son numérateur et son dénominateur.*

8

Avons-nous alors à trouver combien on pourrait avoir de rente 5 % avec un capital de 8742 fr., quand le cours de cette rente est 70 fr. 50 c. ?

Nous devrions, d'après la méthode habituelle, multiplier le capital par 5 et diviser le produit par 70,50. C'est ce qu'indique cette expression : $\dfrac{8742 \times 5}{70,50}$, laquelle nous amène à ce résultat : 620^{fr}.

Mais si nous multiplions par un même nombre, 2, le dénominateur 70,50 et le terme 5 du numérateur, ce qui n'aura pas changé la valeur de l'expression, nous aurons : $\dfrac{8742 \times 10}{141}$, expression dont le résultat est encore 620 fr., et nous n'aurons eu vraiment d'autre opération à effectuer qu'une division par 141, attendu qu'une multiplication par 10 ne peut être comptée pour un calcul.

De ce fait applicable à tous les calculs relatifs à la rente 5 %, nous déduirons les deux règles suivantes :

1° *Connaissant le capital à placer en 5 % et le cours de cette rente, on obtiendra le chiffre du revenu en multipliant le capital par 10 et en divisant le produit par le double du cours ;*

2° *Connaissant le revenu et le cours, on obtiendra le chiffre du capital que représente cette rente 5 %, en multipliant le double du cours par le revenu et en divisant le produit par 10.*

De cette façon, ainsi qu'on peut le remarquer, nous substituons à une multiplication ou division par 5 une multiplication ou division par 10. Et, quoique ce soit là une petite abréviation, nous ne la trouvons point à dédaigner, parce qu'elle a le mérite, très-grand à nos yeux, d'être applicable à tous les calculs de rente 5 %.

Facilité de solution du problème dans les négociations à terme des rentes 3 %, 4 ¹|₂ % et 5 %.

Les négociations de rentes faites *au comptant* ont pour objet une somme extrêmement variable. Il n'en est pas de même des négociations *à terme*.

Ces dernières ne peuvent porter que sur des sommes rondes ainsi déterminées et leurs multiples :

$$1500 \text{ fr. de rente } 3 \text{ \%,}$$
$$2250 \text{ fr.} \quad id. \quad 4 \text{ }^{1}|_{2} \text{ \%,}$$
$$2500 \text{ fr.} \quad id. \quad 5 \text{ \%,}$$

c'est-à-dire sur des sommes multiples à la fois du taux et de 500, ce qui permet de faire disparaître aisément le dénominateur de l'expression fractionnaire représentant les calculs à effectuer.

La chambre syndicale a pris cette mesure, afin de faciliter les règlements de comptes au moment des liquidations.

Le cours du 5 °|₀ étant fixé, il ne s'agit alors que de multiplier ce cours par 500 pour avoir le capital représenté par 1500 fr. de rente, de le multiplier par 1000 pour avoir le capital de 3000 fr. de rente, etc; il en est de même pour les rentes 4 ¹/₂ °|₀ et 5 °|₀. Les nombres par lesquels il faut multiplier le cours sont 500, 1000, 1500, 2000, etc., suivant que les rentes négociées sont 2250 fr., 4500 fr., 6750 fr., 9000 fr. de rente 4 ¹|₂ °|₀, ou 2500 fr., 5000 fr., 7500 fr., 10000 fr. de rente 5 °|₀.

FIN.

TABLE DES MATIÈRES.

78

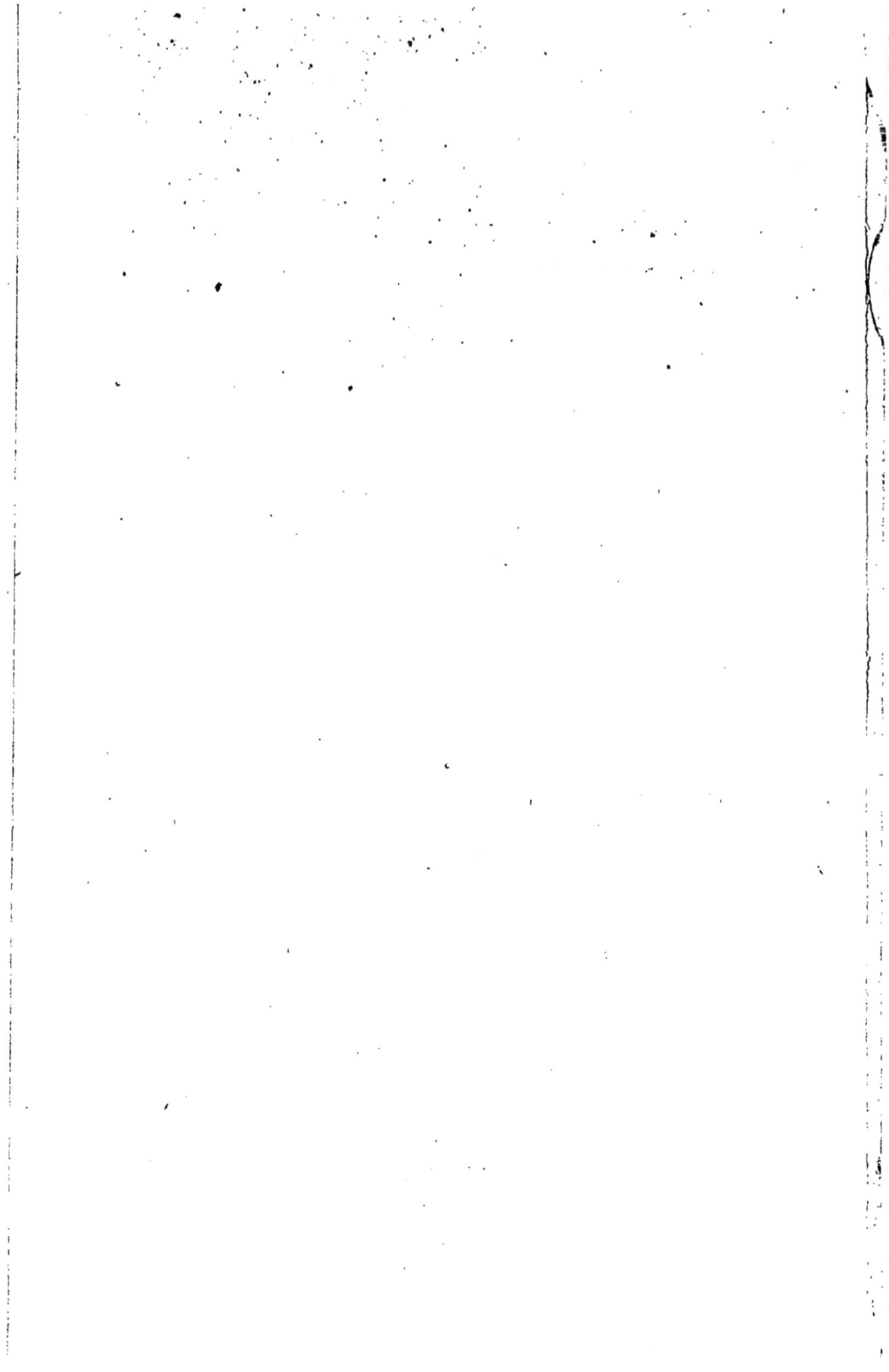

CET OUVRAGE SE TROUVE AUSSI :

A Nimes, chez GIRAUD, Libraire ;
    Marseille, . CAMOIN,
    Avignon, ROUMANILLE,
    Pézenas, RICHARD,
    Toulouse, GIMET,
    Béziers, les principaux Libraires.

DU

SOUFRAGE ÉCONOMIQUE

DE LA VIGNE,

PAR H. MARÈS.

Montpellier. — Typographie de Pierre GROLLIER, rue des Tondeurs, 9.

www.ingramcontent.com/pod-product-compliance
Lightning Source LLC
Chambersburg PA
CBHW071303200326
41521CB00009B/1894